领读者书系

关于托勒密和哥白尼两大世界体系的对话

（少年轻读版）

石云里◎著

猫先生漫画工作室◎绘

北京科学技术出版社
100层童书馆

图书在版编目（CIP）数据

关于托勒密和哥白尼两大世界体系的对话：少年轻读版 / 石云里著；猫先生漫画工作室绘. -- 北京：北京科学技术出版社，2025. --（领读者书系）. -- ISBN 978-7-5714-4566-9

Ⅰ. P134-49

中国国家版本馆CIP数据核字第2025S7R761号

策划编辑：	刘婧文　张文军
责任编辑：	刘婧文
营销编辑：	何雅诗
图文制作：	天露霖文化
责任印制：	李　茗
出 版 人：	曾庆宇
出版发行：	北京科学技术出版社
社　　址：	北京西直门南大街16号
邮政编码：	100035
电　　话：	0086-10-66135495（总编室）
	0086-10-66113227（发行部）
网　　址：	www.bkydw.cn
印　　刷：	雅迪云印（天津）科技有限公司
开　　本：	889 mm × 1194 mm　1/32
字　　数：	32千字
印　　张：	2.5
版　　次：	2025年6月第1版
印　　次：	2025年6月第1次印刷

ISBN 978-7-5714-4566-9

定　　价： 28.00元

北科读者俱乐部

目　录

我认为，为使地球保持固定不动，而让整个宇宙运动，这是不合理的；想想看，这就好像某个人爬上你家的屋顶想要看看全城和城周围的景色，因为不想费力转动头部而要求整个城郊绕他旋转一样。而且这两者比起来，前者要更不合理。

——伽利略·伽利莱

（摘自《关于托勒密和哥白尼两大世界体系的对话》）

一座知识宝库

小朋友们，你们将看到的是一本名字很长的书，叫作《关于托勒密和哥白尼两大世界体系的对话》（以下简称《对话》）。它的作者是有着"现代观测天文学之父""现代物理学之父""现代科学之父"等众多头衔的大科学家伽利略。

现在看到的《对话》一书有两个特点：第一个是书后做了很多注，用来注解书中的内容；第二个是书中有一篇爱因斯坦在1952年为这本书的英译本写的7页序言。

序言的第一句话是：

"每一个对西方文化史及其对经济和政治发展的影响感兴趣的人都会发现，伽利略的《关于托勒密和哥白尼两大世界体系的对话》是个知识宝库。"*

历史上的科学名著能得到爱因斯坦如此推荐的并不多。众所周知，爱因斯坦是相对论的创立者，而物理学上的相对性原理最早就是由伽利略在《对话》里提出来的。

---

* 摘自《关于托勒密和哥白尼两大世界体系的对话》，张卜天译，商务印书馆，2024 年 5 月出版。

除了提出相对性原理，伽利略还是第一位把系统的定量实验引进力学研究的科学家。他对速度、加速度等概念提出了严格的数学表达式，可以说是 **牛顿的前辈**，为牛顿定律的提出打下了坚实的基础。

前辈，请指教！

　　除了力学，伽利略还**开辟了天文学研究的新时代**。他发明了天文望远镜，是第一个用望远镜观察到太阳黑子、土星环和月球表面山岭的人。

　　我要为你们介绍的《对话》一书是伽利略在晚年所写的，它体现了**伽利略一生的研究成果**，代表了伽利略的最高科学成就。因此，要想了解《对话》这本书，我们就必须先了解一下伽利略这个人。

伽利略的一生

备受瞩目的青年学者

　　伽利略，全名为伽利略·迪·温琴佐·博纳尤迪·德·伽利莱（有时简写为伽利略·伽

利莱)，看起来比咱们要讲的《对话》一书的全名还要长。他于 1564 年 2 月 15 日出生在意大利。

温琴佐是他父亲的名字，他父亲是当时有名的音乐家，在演奏、作曲和音乐理论方面也颇有造诣，出版过一部关于音乐的著作。巧的是这部著作和《对话》一样，也采用了对话的形式。

博纳尤迪是他们家族的姓氏，而伽利莱是他们家族一位先祖的名字，这位先祖曾是大学的医学教授，也曾是地方议会的议员，算得上家族里很出色的人物。

因此，从名字就可以看出，伽利略自打出生就被家里人寄予了厚望。

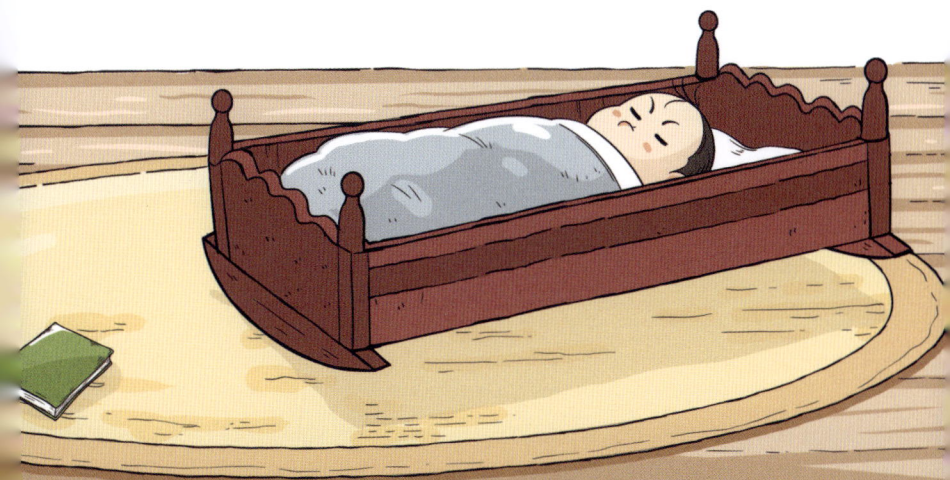

长大后的伽利略不负众望，顺利进入了著名的意大利比萨大学。他的父亲**希望他学医**，因为在当时，医生是一个很体面的职业。

　　在大一的时候，伽利略认识了一位数学家，从此**爱上了数学**。他常常逃课去听数学课。1585 年，21 岁的伽利略在没有获得学位的情况下离开了比萨大学。伽利略没能成为一名医生，而是一直坚持着自己的学术理想，并且广交学者。

我要学数学！

凭借自己的努力，伽利略在数学研究方面取得了丰硕的成果。同时他凭借自己发明的比重秤、发表的论文《论固体重心》在科学界崭露头角。

1589年，比萨大学破格聘用当时年仅25岁的伽利略担任数学教授。

我们经常听到的一个关于伽利略的科学故事就发生在比萨。据说，27 岁的伽利略带着两个质量不同的铁球登上了比萨斜塔，并做了一个实验。

在此之前，人们普遍相信**亚里士多德的理论——越重的物体，下落速度越快**。伽利略却认为两个物体下落的速度是一样的，为了验证自己的想法，他从塔顶同时扔下重量不同的两个铁球，果然发现**两个铁球几乎是同时落地**的。

虽然这个故事的真实性很难确认，但它广为流传，成为伽利略实验精神和反权威精神的标志。

很快，伽利略又换了一份新工作，从 1592 年开始在意大利帕多瓦大学担任教授，一直到 1610 年。在这段时间里，伽利略在力学、天文学等领域都取得了巨大的成就。

"日心说"的潜在支持者

很早之前，伽利略就是"日心说"的支持者，但迫于当时的宗教势力，他并**没有公之于众**。

1597 年，德国著名的天文学家开普勒发现，在哥白尼提出的日心体系里，土星、木星、火星、地球、金星和水星天球半径之间的比例，与柏拉图发现的五种正多面体外接球和内切球半径的比例近似。

具体来说，如果土星天球对应的是一个正六面体（正方体）的外接球，则该六面体的内切球对应的就是木星天球；作木星天球的内接正四面体（三角体），则该四面体的内切球对应的就是火星天球；作火星天球的内接正十二面体，则该十二面体的内切球对应的就是地球天球；作地球天球的内接正二十面体，则该二十面体的内切球对应的就是金星天球；作金星天球的内接正八面体，则该八面体的内切球对应的就是水星天球。

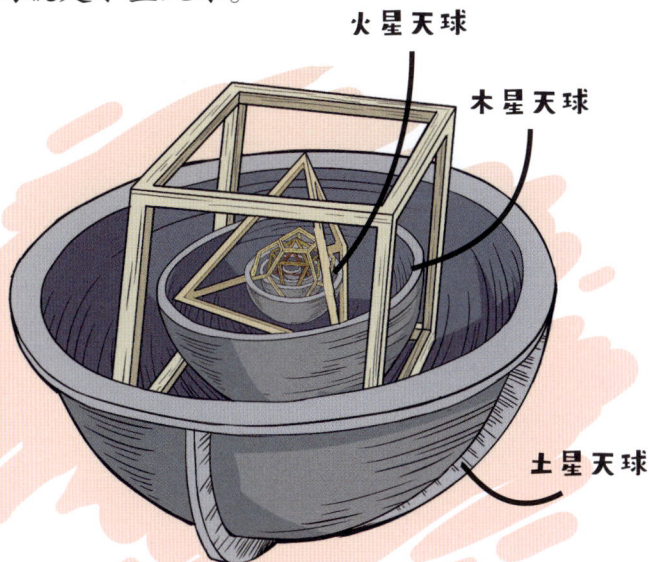

火星天球

木星天球

土星天球

由于古希腊几何学家早已证明，正多面体只有这五种，开普勒认为，这是"日心说"真实性的一个重要数学证明，甚至有可能就是上帝创造宇宙时的蓝图。他非常兴奋，立刻出版了一本叫《宇宙的奥秘》的书，并寄给了很多有名的科学家。伽利略也收到了开普勒写的这本书。

　　按照当时的惯例，伽利略需要写一封回信。他发现开普勒也支持哥白尼的日心地动学，于是在回信中写道：

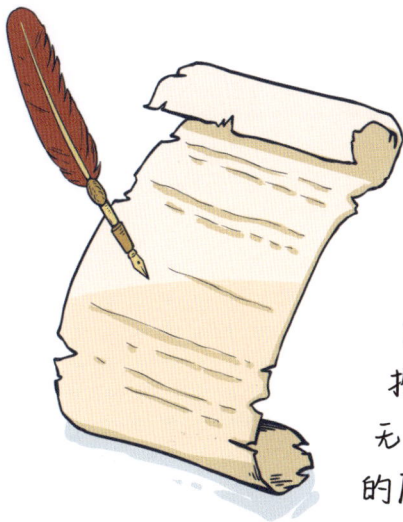

"我已经在多年前接受了哥白尼的观念，并从这个立场出发，发现了许多按照通常的想法显然无法解释的自然过程的原因。……对此，我整理了不少直接和间接的证据，但到目前为止还不敢发表。……（我被）哥白尼的命运吓住了，他是我们的前车之鉴。他在少数人那里赢得了不朽的声誉，却被无数人（因为傻瓜是如此众多）嘲笑和喝倒彩。……如果有更多与您持相同意见的人，我就敢把我的思想公之于众；既然不是如此，我就不会这么做。"*

* 摘自《宇宙的奥秘：开普勒、伽利略与度量天空》，盛世同译，社会科学文献出版社，2020 年 10 月出版。

开普勒收到信后，又给伽利略回了一封信。在信中，他鼓励伽利略再大胆一些，要是顾虑不宜在意大利讲出自己的观点，就翻过阿尔卑斯山，来到德国，和自己并肩战斗！

可是，当时的伽利略还没有足够的勇气公开自己的立场，**也没有掌握足够的证据**去证明"日心说"的正确性。

用天文望远镜看到了新的宇宙

到了 1608 年，一名荷兰的眼镜商人偶然发现，将两块镜片组合在一起后可以看清远处的景物。受此启发，他制造了人类历史上第一架望远镜。

伽利略听说这个消息后，立刻着手改进望远镜。他不断提高望远镜的放大倍数，最后做出了一架能放大 30 倍以上的望远镜。

和其他人的想法不一样，身为天文学家的伽利略，首先将他的这架望远镜对准了天空。于是，人类历史上第一架天文望远镜诞生了！

伽利略用这架望远镜观察到了很多之前人们用肉眼无法看到的天文现象。

　　他发现月球表面是凹凸不平的，观察到了木星的卫星和太阳黑子，还发现像云气一样的星团其实是由很多恒星组成的……

　　1610 年，伽利略整合自己的各种发现，出版了《星际信使》一书，然后又在 1613 年出版了《关于太阳黑子的记录与演示》。

　　这个时候他已经意识到，这些观察数据**可以有力地支持哥白尼的"日心说"**。

　　在《星际信使》一书中，伽利略就曾提到，他将来要写一本名为《世界体系》的书，并在书里证明地球是一个游走的物体，它和月亮一样会反射太阳的光。

《星际信使》和《关于太阳黑子的记录与演示》出版之后，伽利略很快就遭到了一些神学家和教会人士的围攻，但他并不害怕，因为这些新的、客观存在的观测结果都是其理论的有力支撑，是对旧宇宙体系最有力的挑战。

1613年，伽利略在给学生卡斯泰利的一封信中明确写道：

"我坚持太阳位于天球的中心位置不变，而地球则自转并绕其公转。"

这封信后来落到了伽利略的敌人手里，他们很快就把伽利略告到了宗教裁判所。

　　伽利略听说后，**不仅没有退缩，反而扩写了这封信**。他着重讨论了日心地动的问题，还专门讨论了科学和宗教之间的关系。

伽利略说，上帝写了两本书，一本是《圣经》，是用讽喻语言写成的，要由神学家阅读、诠释；另一本就是"自然"，是用数学语言写成的，要由数学家（当时对科学家的称呼）来阅读和诠释。

因此，在没有认真研读过"自然"这本书的情况下，神学家不能对它乱发议论，而应该遵从数学家的解释。当神学家的解释与数学家的解释相矛盾时，应该尊重数学家的解释，因为"自然"这本书是没有歧义的。

在信的最后，伽利略还开玩笑地引用了很早之前的一位红衣主教的话："圣灵的目的是告诉我们如何走上天，而不是天是如何走的。"*

　　他这样大胆的行为引起了教会的注意，教会的宗教裁判所专门成立了一个委员会来调查这件事情。

---

* 摘自 1615 年，《致大公夫人克里斯蒂娜的信》，原文为：That the intention of the Holy Ghost is to teach us how one goes to heaven, not how heaven goes.

1616 年，宗教裁判所正式宣布，伽利略支持的日心地动学说为必须禁止的异端邪说，并把哥白尼的《天球运行论》等著作**列为禁书**。

不放弃就会被监禁！

封

　　当时的红衣主教罗伯特·贝拉明召见了伽利略，**要求他放弃自己的观点**，不能以任何方式研究、支持和传播这类学说，否则就会对他处以监禁。

在这种情况下，伽利略没有放弃自己的观点，也没有真正保持沉默，反而写了一本书——《关于潮汐的对话》，试图用海潮的涨落来证明地球存在公转和自转。

到了1623年，伽利略的好朋友马费奥·巴尔贝里尼被加封为教皇乌尔班八世，并六次接见伽利略，请他吃饭，又送他礼物，还鼓励他继续自己的研究。

伽利略认为这是一个机会，或许能让教廷解除1616年的禁令，恢复对哥白尼著作的讨论和传播。

　　于是，他开始对《关于潮汐的对话》进行改写和扩写，并于1630年完成了这项工作。

　　当时出书需要当地政府的许可和宗教裁判所的同意。主审官认为提到潮汐就是为了证明地动学说，建议改一下。于是，这本书就被改名为我们今天看到的《关于托勒密和哥白尼两大世界体系的对话》。

1632 年，意大利语版《对话》首先在佛罗伦萨出版。

到了 1633 年，伽利略已经 69 岁了。因为《对话》讨论的内容，他还是被宗教裁判所认定具有强烈异端嫌疑，以至于遭受牢狱之灾，甚至余生都是在软禁中度过的。

对不起！

这也成了人类历史上延续时间最长的一场冤假错案，直到约 360 年后伽利略才得到正式、公开的平反。

1992 年，罗马教廷教皇约翰·保罗二世在梵蒂冈宣布为伽利略平反，并向全世界科学家道歉。

然而，教廷的压迫并没能阻止《对话》一书的传播。

1635 年，该书的拉丁文版在阿尔卑斯山以北出版，并在不同的城市几次再版，同伽利略的其他著作一起，为由哥白尼开启的科学革命的最后冲刺**提供了重要的推动力**。这场科学革命以 1687 年牛顿的著作《自然哲学之数学原理》的出版而告一段落。

助你一臂之力！

终点

　　其间，《对话》的第一个英文版也在 1661 年正式出版。现在通行的英文版是在此版本的基础上，由加拿大著名的伽利略研究专家斯蒂尔曼·德雷克在 1953 年翻译的。《对话》于 20 世纪 70 年代被翻译成中文，1974 年上海人民出版社出版了正式的译本。

《对话》这本书讲了什么?

这部著作原版厚约 500 页,通过对话的形式,让亚里士多德、托勒密、哥白尼三个人穿越时空聚到一起,展开了一场论战。

伽利略用机敏老成的笔法，以貌似无所偏袒的姿态，对当时仍然占统治地位的亚里士多德－托勒密世界体系进行了系统和深刻的批判，为正遭受巨大压力的哥白尼学说做了细致而大胆的辩护。

　　为了不和宗教起正面冲突，伽利略在写作的时候并没有直接使用这些伟人的名字，而是设定了三个虚拟代理人来代表他们的立场。

第一个代理人叫萨尔维阿蒂，他代表**哥白尼的立场**。

这个名字取自伽利略的好友和资助人——菲利波·萨尔维阿蒂。他是一个富商，给伽利略提供了很多帮助，伽利略的一些实验就是在他的别墅里完成的。

第二个代理人是沙格列陀，他是一个**协调人**，一个有良知的普通人。他的名字来自伽利略的另一位好朋友，也是一位数学家，叫乔瓦尼·弗朗切斯科·沙格列陀。

　　第三个代理人叫辛普利邱，**他代表亚里士多德和托勒密的立场**。这个名字取自一位亚里士多德著作的注释家，叫辛普利邱。这可不是随意选的，在意大利语里辛普利邱（simplicius）就是"头脑简单"的意思。这个角色的原型就是反对伽利略的经院哲学家。

支持

在书里，这场对话总共进行了四天，每一天讨论的话题都不同。

第一天主要讨论了亚里士多德对整个世界的认识。

亚里士多德把整个世界分为天界和地界，它们分别由两类本质上截然不同的物质组成。他认为，天界的物质是永恒的、不变的；地界的物质是暂时的、可破坏的，由水、火、土、气这四种元素组成。

伽利略则通过萨尔维阿蒂之口指出，新星和太阳黑子的出现与消失、月球表面的凹凸光影都表明，天界的其他天体与地球在物质的组成和运动变化上没有本质区别。

因此，第一天的讨论就是为了从理论和事实经验的角度，说明亚里士多德的宇宙观是错误的。

第二天他们讨论了地球自转的可能性。

亚里士多德学派的哲学家认为，如果地球真的自西向东自转，那么顺着一根高高的桅杆扔下去一个球，它就不应该垂直落下，而应该掉到偏西一点儿的地方；向西发射的炮弹，应该比向东发射的炮弹飞得更远。

但是他们没有观察到这些现象，这说明地球是不动的。

萨尔维阿蒂说，我们之所以会得到这样的观察结果，是因为这个实验是在我们所处的地球表面上做的，因此无法判断地球是否在运动。

　　就像在一个静止的密闭船舱和一个做匀速直线运动的密闭船舱里，苍蝇、蝴蝶或者其他物体的运动规律是一样的，所以无法根据封闭系统内物体的运动状态来判断系统是静止的还是运动的。

　　这是对**相对性原理的第一次明确表达**。

　　萨尔维阿蒂说，只有把地球放到宇宙中心之外，我们观察到的很多天文现象才能得到合理的解释。

　　例如，木星等行星在天空中表现出来的逆行、停留和顺行并不是它们自己的运动，而是地球绕太阳公转产生的视觉效果。

此外，昼夜长短和四季气候的变化是因为地球的自转轴和公转轨道并不垂直，这样的解释比托勒密"地心说"里的本轮－均轮的解释要简单得多。

萨尔维阿蒂指出，这些用"地心说"难以解释的现象都证明了地球是一颗行星，是在围绕着太阳转。

第四天的对话主要试图分析地球运动对潮汐的影响，以此来证明地球是运动的。

　　萨尔维阿蒂认为，地球上任何一点的海面，都会受到地球周日自转和周年公转运动的共同影响。

由于地球的自转和公转，水流在东西方向上表现出显著的加强或减弱，从而引起潮汐的变化；而潮汐的变化存在日、月、年三种周期，后两种周期主要表现在对每天潮汐幅度的加强和减弱上。

写作手法

为什么是对话？

　　也许你会问，历史上有那么多科学家，他们撰写的科学著作大都是通过有条理的逻辑论述来阐述观点，为什么伽利略的这本书要采用对话的形式呢？

　　首先，欧洲的学术界确实有这样的传统。比如大家熟知的柏拉图，他的著作几乎都是以对话的形式写成的，其中的很多对话人是真实存在的，如经常出现在他书中的苏格拉底。但

我说的？

苏格拉底说……

这也有一个弊端，就是我们现在搞不清楚哪些事情是柏拉图笔下的苏格拉底讲的，哪些是苏格拉底本人讲的。

在伽利略的时代，对话体仍是一种学术风尚。当时的文化活动、学术活动通常在宫廷或者沙龙里举行，持不同观点的学者会展开论战。伽利略就常常和他的反对者进行这样的辩论。

其次，这种写作手法深受伽利略家族的青睐。例如，伽利略的父亲温琴佐写了一本有关音乐的书，也采用了对话的形式。

最后，也是最重要的，这是一种策略。

就像爱因斯坦在序言里所说的那样，伽利略要避免在这些有争议的问题上公开做出表态，因为一旦正面表达了自己的立场，就会被宗教裁判所抓住把柄。但同时，对话这种写作手法能使伽利略将自己杰出的文学天分用于尖锐而鲜明的观点对阵之中。

伽利略自己在书前的"致明智的读者"中也说：

"为此目的，我在对话中站在哥白尼体系一方，把它当作一种纯数学假说，并且千方百计使它看起来比假定地球不动更好——事实上并非绝对如此。"

为什么说反话?

在整本书中,伽利略还经常说反话,有一种黑色幽默之感。

伽利略在"致明智的读者"中说:

几年以前,为了消除我们这个时代的危险倾向,罗马颁布了一项有益的敕令,及时禁止了人们谈论关于地球运动的毕达哥拉斯主义观点。有些人无理地断言,这项敕令并非源于明智的调查,而是源于知识不够所导致的激愤。还可以听到一些人抱怨说,对天文观测完全外行的顾问们不应通过草率的禁令来阻止理智的反思。

听到这些吹毛求疵的傲慢言论,我的热情再也无法抑制。……那时我在罗马,不仅得到教廷最著名的高级教士的接见,而且受到他们的赞扬;事实上,这项敕令在颁布之前就有人通知了我。……我专门收集了涉及哥白尼体系的所有想法,并将告诉大家,罗马的审查机关已经注意到了这一切,这个地方不仅提供了确保灵魂安宁的教义,而且提供了愉悦心智的许多奇妙发现。

伽利略说的这些话其实**都是反话**，他从不认为那道禁止人们谈论毕达哥拉斯学派的地动说的敕令是"有益世道人心"的；他也从来没有受到罗马教廷的赞扬，而是被责令噤声；至于"拯救灵魂"和"满足理性"，也只是他的**嘲讽**。

　　在整本书的对话里，我们可以找到很多类似的例子。在这样的黑色幽默背后，藏着**一颗坚定而无畏的心**。
　　后来伽利略在他自己的《对话》的藏本的扉页上加了一个小注：

"神学家们，请注意，在你们企图把关于太阳和地球是固定不动的命题说成是信仰问题时，就存在着你们最终不得不把一些人谴责为异端分子的危险。这些人宣称地球静止不动而太阳改变位置。而在这样一个时代，总有一天会在物理上或者逻辑上证明，地球运动而太阳静止不动。"

　　从这段话可以看出，虽然伽利略表面上在嬉笑怒骂，但是内心对自己的学说抱有坚定的信念。

我确定！
太阳不动，动的是地球！

不幸的是，伽利略后来还是被强烈怀疑是异端分子。

《对话》一经出版，就引起了教廷和教皇的注意。有一种说法是，伽利略的朋友教皇乌尔班八世曾经跟他说一定要把自己的话写进书里，伽利略不知道如何是好，就把乌尔班八世说的话放到辛普利邱的嘴里去了。

我们知道，辛普利邱这个名字的本意是头脑简单，所以教皇很生气。当然，这只是一个传说，最重要的还是书中的内容**引起了教会的不满**。

虽然伽利略声称这是一场毫无偏袒的对话，但这场对话还是能非常清楚地反映他的立场，因为代表亚里士多德和托勒密的辛普利邱经常遭到其他两个人的挖苦和嘲笑，显得愚蠢又保守。这样的一本书自然逃不过宗教裁判所的检查。

检查。

  1632 年 7 月，教廷采取了行动。教皇下了一道命令，要对伽利略的用意进行审问，甚至要动用刑罚。

  如果伽利略坚持认为自己不是异端分子，那就要在宗教法庭上发誓放弃异端学说，要根据判决结果入狱，而且不能再以任何方式，无论是口头还是书面的，继续讨论地球的运动和太阳的静止，否则还会因为再犯而受到更严重的惩罚。

　　这个时候的伽利略快70岁了，已经很年迈了，听到消息后，他本来可以选择不去，就像苏格拉底本来可以跑却没有跑，他也选择了直面审问。

我想，这个时候伽利略应该是无所畏惧了，他甚至想去说服别人。

　　但是一到教廷，他就傻眼了。

　　据说教廷的人直接向伽利略展示了各种刑罚，告诉他如果不老实，就会受到严惩。

此时的伽利略已经没有其他选择了，只能选择服从。

按照判决结果，伽利略做出声明，他承认自己坚持的理论引起了别人对他是异端分子的怀疑，所以他宣布放弃那些错误的观点，并诅咒自己的那些谬误。

教皇下令将此判决下发给所有的教廷大使，发到所有判决异端分子的宗教法庭法官手中，尤其是佛罗伦萨的法官，要他们尽可能地向所有以数学为业的人宣读此判决。这么做就是要让所有人知道，教廷不会放过任何一个研究"日心说"的人。

伽利略的悔过辞

我，伽利略，佛罗伦萨的温琴佐·伽利莱之子，现年七十岁，……在此宣誓：

我过去一直相信、现在仍然相信，并且——蒙上帝眷顾——未来也将相信神圣的天主使徒的教会所坚持、所宣讲和所教导的一切。

宗教法庭已经警告我，要我彻底放弃"太阳处于宇宙中心不动、地球不是宇宙中心并且在运动"的错误观点，要我不能持有这种学说，不能为之辩护，也不能以任何一种方式——无论是口头还是书面——对之进行传播，甚至我在收到关于该学说与《圣经》相违背的通告之后，仍写作并出版了一部图书，在其中讨论了这一受到禁止的学说，不但没有对该学说进行反驳，反而给出了对其有利并且非常有说服力的论据。所以，我被宣判具有极大的异端嫌疑，即坚持和相信太阳处在宇宙中心不动、地球不是中心并且在运动。

因此，为了从诸位和所有虔诚的天主教徒心目中消除这一针对我的合理怀疑，我谨真心实意地宣誓放弃这些错误和异端。我诅咒并憎恶它们以及其他的谬误、异端和与神圣天主教会相对立的教派。

　　我发誓将来不再谈论，或者以口头或书面的形式维护那些会给我带来同样嫌疑的事情；并且，如果我知道任何异端或者有异端嫌疑的人，我将会向本宗教法庭、向我所在地的宗教法官或推事进行揭发。

　　……

虽然伽利略悔过了，但是最终还是被判处了监禁。即便如此，伽利略在心里还是**坚定地相信**"**日心说**"**是没有错的**。

据说在宣布放弃自己的学说后，伽利略在走出法庭的时候说了一句话，"Eppur si muove"，意思是"然而它在动"。

　　后来有位艺术家据此创作了一幅作品：《狱中的伽利略》。在画中，伽利略在监狱墙上画了一个"日心说"的模型，模型下方就写着这句话。

然而它在动。

教廷虽然在判决后没多久就把伽利略从监狱里放了出来，但是仍然不允许他在外面自由活动，并禁止他的作品以任何形式出版，包括他将来可能完成的任何作品。

　　虽然禁令这样严格，但70多岁的伽利略并没有停止工作，而是忍着失去爱女的巨大痛苦和疾病的折磨，完成了另一部巨著——《关于两门新科学的对话》。

　　这部著作主要讲了他对运动学和材料强度的全新研究结论，示范了用数学方法研究物理学问题的新方法。

关于两门新科学的对话

　　虽然这部著作在意大利无法出版，但科学的真理无法阻挡。在荷兰、德国、法国甚至英国，**伽利略的著作和学说得到了广泛的传播**，也推动了科学在那些国家的发展。

这也引发了一些国家的知识分子**对言论自由的关注**，比如约翰·弥尔顿，在 1644 年出版了《论出版自由》一书。

弥尔顿在书中提到自己去见了伽利略，而且把伽利略受审这件事作为言论自由、出版自由的一个反例加以讨论。

书里有一句名言："让我有自由来认识、抒发己见，并根据良心做自由的讨论，这才是一切自由中最重要的自由。"

这就是当时的人对言论自由的诉求。

言论自由对于科学家，尤其是像伽利略这样的科学家，是尤为重要的。

　　或许正是因为意大利教廷对像伽利略这样的科学家进行言论自由的压制，所以自伽利略之后，科学研究的中心就慢慢地向阿尔卑斯山以北的德国、法国、英国等国转移。

对《对话》一书的评价

哲学家、科学史家亚历山大·柯瓦雷在《伽利略研究》一书中曾写道：

"《关于两大世界体系的对话》声称自己论述的是两个对立的天文学体系，但实际上它并不是一部天文学著作，甚至也不是一部物理学著作。它首先是一部批判的著作，一部辩论和论战的著作；同时，它又是一部教育的著作，一部哲学的著作；最后，它还是一部历史的著作。" *

---

* 选自《伽利略研究》，刘胜利译，北京大学出版社，2008 年 5 月出版。

为什么柯瓦雷会给出这样的评价呢?

他之所以说《对话》是**一部辩论和论战的著作**，是因为伽利略巧妙地通过对话的形式来表明自己的立场，同时也希望说服当时的社会精英和贵族人士。

此外，《对话》不是用当时的学术语言拉丁语写的，而是用意大利语写的。书里还用到了各种各样的写作手法，时而侃侃而谈，时而慷慨激昂，时而又耍一些语言上的小把戏，都是为了让更多有社会地位的人接受自己的观点，从而进一步推动科学的发展。

他之所以说《对话》是**一部教育的著作**，是因为伽利略通过该书告诉读者，要勇于打破旧的理论、旧的思想，提出新的观点、新的理论。因此，它具有一定的教育意义。

　　至于他认为《对话》是**一部哲学的著作**，则是因为科学和哲学是一体的。

前人认为数学只是一种研究工具，它不能揭示世界的本质，不能用来研究哲学。因此，当时的数学家更偏向于工程师一类的角色。但伽利略不这么认为，作为曾经在宫廷担任首席数学家和哲学家的人，他偏偏要证明，**数学家可以用数学的方法研究哲学问题**。

柯瓦雷在评价的最后提到《对话》是**一部历史的著作**，主要是说伽利略在书里表达自己观点的同时，也在追溯自己的发现历程和构建新思想的心路历程。这一点，对今天的人来说也是非常重要的。

如果想了解那个时期的人，以及他们是怎么推动科学发展的，或者是想着重了解像伽利略这样的人如何传播自己的新发现、新观点，如何努力去争取新的支持者，那么可以读一读《对话》这本书。

这也是我建议大家去看看《对话》的原因之一，也许你还很难理解其中很多理论相关的论述，但你肯定能学到很多，甚至在某些方面受到启发。

伽利略曾说：

"科学的真理不应该在古代圣人的蒙着灰尘的书上去找，而应该在实验中和以实验为基础的理论中去找。真正的哲学是写在那本经常在我们眼前打开着的最伟大的书里面的，这本书就是宇宙，就是自然界本身，人们必须去读它。"

希望读到这里的你，能够以伽利略的《对话》为望远镜，认真看看我们所处的宇宙和自然。

关于托勒密和哥白尼两大世界体系的对话

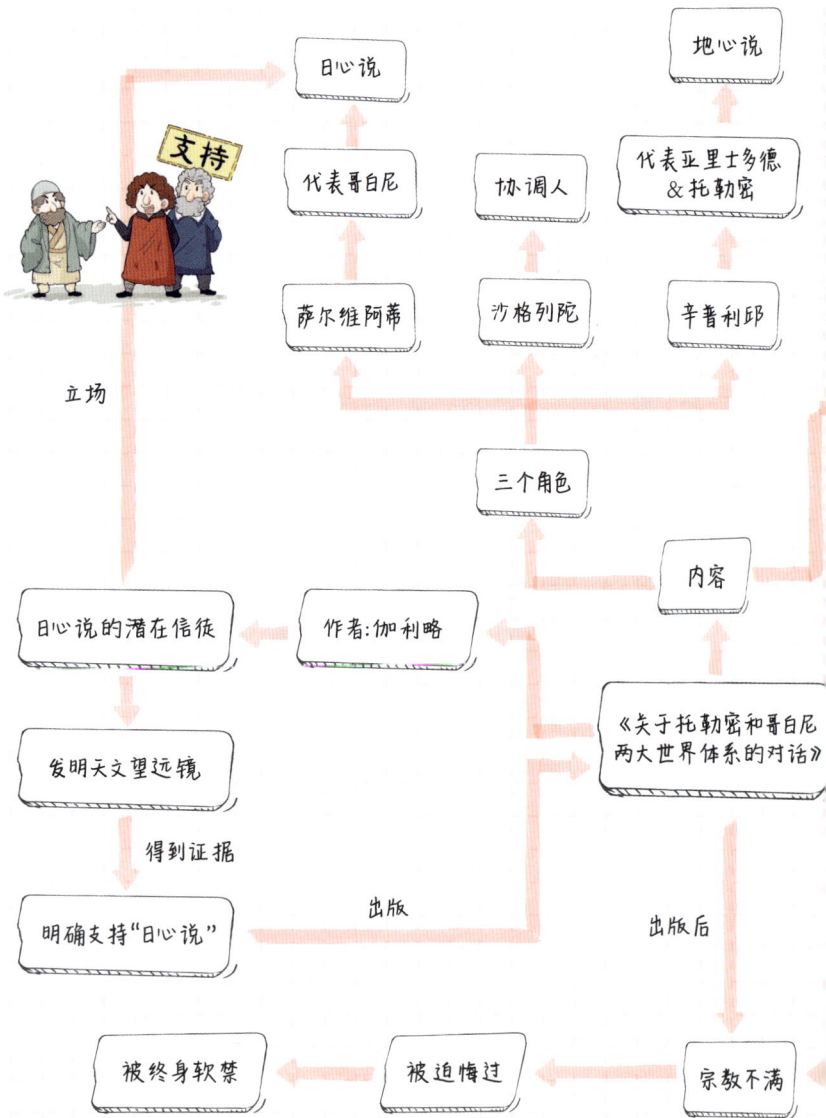

日心说

地心说

代表哥白尼

协调人

代表亚里士多德 & 托勒密

支持

萨尔维阿蒂

沙格列陀

辛普利邱

立场

三个角色

内容

日心说的潜在信徒 ← 作者:伽利略

《关于托勒密和哥白尼两大世界体系的对话》

发明天文望远镜

得到证据

明确支持"日心说"

出版

出版后

被终身软禁 ← 被迫悔过 ← 宗教不满

四天探讨
- 亚里士多德的错误认识
- 地球自转的可能
- 地球公转的可能
- 通过潮汐现象,证明地球的运动

写作手法
- 对话体
  - 学术传统和风尚
  - 家庭青睐
  - 写作策略 → 避免争议
- 说反话
  - 黑色幽默
  - 信念坚定

对抗宗教裁判所

领读者书系：
科学经典篇
（第一辑）